La Fábrica de Luz

CELIA CAÑADAS

La **Fábrica** de **Luz**

POESÍA

© Obra: LA FÁBRICA DE LUZ

Primera edición: Diciembre, 2023

© Celia Cañadas

ISBN: 978-84-10039-00-1
Depósito Legal: M-33385-2023

Ilustraciones: Adriana Pastor Cañadas. Técnica es mixta lápiz y gouache sobre papel.

© Editado por VISION LIBROS

Gestión, promoción y distribución: Grupo Editor Vision Net S.L.
C./ San Ildefonso 17, local, 28012 Madrid. España.
Tlf: 0034 91 3117696 // Email: pedidos@visionnet.es
www.visionnet-libros.com

Disponible en librerías físicas y online.

"Mi nombre es nadie; y nadie me llaman mi madre,
mi padre y mis compañeros todos"
-Ulises (La Odisea)

Prólogo

Desde el lugar del
fuego y la palabra

omo como título de este prólogo uno de los versos del poema que abre este libro. Porque es desde ese lugar desde el que la poeta Celia Cañadas nos habla. Un lugar de fuego, ese fuego que es pasión y es identificación de la luz, un lugar de fuego y también de palabra. La pasión unida así a la palabra poética. Desde ese lugar Celia observa el mundo y nos observa.

Es "La fábrica de luz" el primer poemario publicado de Celia Cañadas. Un libro maduro y madurado, un libro esperado por los que sabemos desde hace muchos años de su sólida poesía y reconocemos la voz propia y necesaria de su palabra poética.

Publicar un libro, un poemario en nuestro caso, debe ser siempre un signo de responsabilidad y de compromiso hacia el lector. En los tiempos que corren en los que las prisas de la juventud unas veces, o las de la inmadurez, las más, llevan a publicar de manera irreflexiva, es una buena noticia la aparición de este primer libro de Celia Cañadas.

En el título del libro, "La fábrica de luz", se adivina lo que encontraremos en sus páginas. Tiene Celia Cañadas, además de vocación poética una clara vocación y formación científica. Fábrica de luz llamaban popularmente a las primeras centrales hidroeléctricas creando poesía al nombrar las cosas. Es en ese diálogo de lo científico y lo lírico en el que se mueven gran parte de los poemas de este libro.

Por eso en él aparece multiplicada la luz, la luz como imagen del conocimiento, la luz física, la luz interior, también la oscuridad. Desde esa simbología que es transversal en el libro, los poemas nos hablan de "los límites de la luz", de "la luz que se esfuma", de "la luz de sus ojos", de la "escasez de luz", la "luz tamizada", "la luz que me alcanza", la "luz tan cegadora", la "insaciable luz", "luz que ni arde ni calienta"…

Esta madurez de la que hablo, en Celia Cañadas se revela no sólo en su escritura sino también como lectora. Lo comprobamos en las citas que acompañan a los poemas: Homero, Thomas Mann, Pessoa, José Cereijo, Claudio Rodríguez (la luz de Claudio), Juan Ramón Jiménez, Leopoldo María Panero…

Me detengo en la primera cita que abre el libro, son las palabras de Ulises frente a Polifemo: "Mi nombre es Nadie"… Intención de la poeta de pasar desapercibida, de dejar que las palabras sean las que hieran. Toda una declaración de intenciones para su primer volumen publicado.

Dividido en cuatro partes, este libro es un viaje de la mirada de la poeta -que nos acompaña como lectores- primero, desde el mundo interior que habita las dos primeras, "A modo de presentación" y "Un lugar para vivir", al tránsito, luego, de su mirada que recorrerá el camino de dentro hacia fuera de la tercera parte, "Actualidad 2020-2022" hasta dirigir la mirada al exterior, a lo más lejano, lo que sucede en la cuarta y última sección, "Tecnologías".

Y así, en este camino que jalona cada poema, el primero de "A modo de presentación" es un adecuado autorretrato. Ese "soy Nadie" de la cita inicial está aquí presente:

No me veréis trotar en las verdes praderas del llanto
(…)
Ni entre el bullicio de los mercaderes
Tampoco en los salones del amanecer.

Los años de vida y de oficio poético la trajeron al lugar del fuego y la palabra desde el que observar el mundo.

La poesía, lo declara en el segundo poema, se convierte en la luz hacia la que salir, en una segunda boca:

cómo salir,
hacia qué luz

Y en el tercero, "Herencia", está el homenaje necesario a su padre, el poeta Aureliano Cañadas, de quien recibe la poesía:

Ahora que late tu vida
por mis venas…

Esta soy yo y esto es lo que poseo podría decirnos en los primeros poemas del libro: "Frecuento también los límites de la luz".

Utilizando la primera persona, en "Caza" se convierte en un viejo cazador a las 18:30 (una hora que se repite cada día) y se autocita, a la manera de Gil de Biedma, utilizando un verso del primer poema, "en las rojas praderas del llanto", convirtiendo en verde ahora las praderas, para incidir en lo que ya nos contó, no llorar, ante la lograda imagen de "la serpiente del tráfico acechante".

No puedo evitar que me evoque en este poema a Lorca, en unos versos de su "Oda a Walt Withman" cuando dice:

Una danza de muros agita las praderas
y América se anega de máquinas y llanto.

Lorca está ahí también, en las lecturas de Celia.

Este "A modo de presentación" son también certezas. Pocos son los poemas de amor del libro. Pero los que aparecen tienen forma de sentencia, reflexivos, de aseveración. "Amor... también me fallarás". O utiliza con precisión el modo elegíaco, la enumeración y el uso del epíteto para en "Políglota", acudiendo a la antítesis contarnos los idiomas en los que le niegan la palabra.

Cierra esta primera parte, compuesta de ocho poemas, con "Aprendiz". Esta es mi forma de estar en el mundo, podría seguir diciéndonos Celia Cañadas.

La segunda parte, "Un lugar para vivir", doce poemas en los que enlaza con la primera, continúa la idea de mostrarnos quién es desde al análisis de los sentimientos, desde la relación familiar, manteniendo la anterior mirada interior transformada ahora por la maternidad. Esta sección comienza con dos poemas en segunda persona, dirigidos a su hija adolescente pero interpelando, desde la reflexión, también al lector. El cuerpo es definido con el oxímoron "sagradamente humano" como lugar para vivir. El lugar del fuego y la palabra es también el cuerpo. El paso del tiempo nos hace comprender "la primera / lección del deseo: / la satisfacción / como la luz, se esfuma."

El segundo poema "El juicio de la verdad" anuncia que salir del peligro -peligro simbolizado por el *invierno*- para llegar al *verano* que nos salva, es un camino de penumbra. De nuevo la luz aparece aquí, junto a hallazgos verbales como el uso de un neologismo: *sinvivimos*.

"Nos espera un verano de señales" dice Celia en el último verso. Diez poemas siguen a éste y completan esta segunda parte, diez señales que la poeta numera para plantearnos la relación entre ella y su hija. Poemas que son diálogo entre un yo, la poeta, y un ella, la hija adolescente. Nos ocupa ahora el dolor, el tiempo, la sumisión, el símbolo del hueso como herida negativa, el símbolo de la carne como salvación. Temas a los que se añaden la luz negada, la rebeldía de la adolescencia, el miedo y la culpabilidad... Se suceden los versos sentenciosos "La verdad no está en nadie", y la identificación de la madre con la niña:

Conozco el territorio,
esa escasez de luz y
ese aire exiguo
a la fuga.

Y encontramos en solo tres versos, retratos tan sutiles como definitivos que hace de su hija:

Ella no dibuja,
se diría que revela a los ojos
lo que preexiste en el papel.

dibujo que es contrapunto del vacío creciente entre las dos.

Y aparecen ya las primeras referencias al mundo científico que tratará más en la cuarta parte: el kilo, unidad de medida "de la entonces remotísima París". El kilo que es ahora el espacio donde se anuncian incipientes las alas adolescentes.

La tercera parte de "La fábrica de luz", "Actualidad 2020-2022", nos traslada de los poemas propios del entorno familiar a la experiencia global que todos padecimos, la pandemia de COVID-19. Es la luz de estos poemas ahora una luz tamizada porque la vida queda ahí fuera. Y la mirada poética viajará, como dije al principio, desde el yo interior de la poeta al mundo exterior negado.

Comienza la sección con la llegada del viento del norte -el invierno-, el frío y el juego de intentar lograr el infinito y apenas alcanzar el cero. Otra imagen tomada de la ciencia: el infinito y el cero. Pero la mirada ya se nos anuncia esperanzada "de prematura floración, ávidos los ojos de deshielo".

Nos sorprende y conmueve Celia Cañadas con su capacidad de síntesis, con poemas que van alternándose a lo largo del libro con otros algo más largos. La poesía tiene ese reto, ser capaz de decir mucho con poco. Ella lo asume y lo logra. Ya lo hemos visto en alguno de los poemas de "Señales…" del anterior capítulo y aquí, ahora en este "Enero" que son cuatro versos, un poema casi de aire japonés cuyo ritmo se sustenta en el juego de dos binomios: sueño-palabra, nieve-misterio en flor. Esa nieve que recoge como vasos comunicantes, el símbolo de invierno del primer poema de esta "Actualidad…"

22 poemas conforman esta parte, la más larga porque también es largo el camino lírico que debemos recorrer desde dentro afuera, para salir del confinamiento y conquistar la cuarta parte del libro. La mirada rompe el muro invisible y busca una nueva luz. Tres poemas se suceden con el título de "Confinamiento" que nos declaran los *días inmóviles* y *el tiempo inservible*. Fuera, el mar, la *floración sin audiencia*. La Naturaleza invulnerable frente a la vulnerabilidad del Hombre. Y citas que nos hacen reflexionar, como la de Thomas Mann, "La enfermedad en cierto modo, tiene algo de noble". Buscar en la enfermedad nobleza mientras aquí dentro, *la luz que nos alcanza suena a burla*.

En esta parte, el confinamiento es también un joven Darwin atrapado en el Beagle sin poder desembarcar en Tenerife. Es el deseo de superar el encierro, la avidez incontenible de intemperie, recordando en una hermosa enumeración, en "Confinamiento III: Estepa insular", los duelos sufridos, la guerra perdida del abuelo, el rojo clavel de mi otro abuelo, el hambre de mi padre, la inapetencia acusadora de la hija. Celia Cañadas no olvida el duelo por las víctimas de la COVID, en ese poema implacable y bello dedicado a ellas, "Los olvidados (59)".

El confinamiento se acaba con el inicio del verano 2020. Al viento del norte le sucede un viento del sur en un agosto donde de nuevo utiliza la figura del oxímoron a la que recurre Celia Cañadas, cuando "celebra la desolación" dejándonos luz tan cegadora. Oxímoron similar que encontramos en el poema "La isla: Lanzarote", cuando la define como "esta bendita isla / de la desolación".

La fábrica va generando su luz aumentando su intensidad según avanza el libro: luz interior, luz tamizada, luz cegadora…

Porque toca en este instante celebrar la naturaleza, celebrar el mar, beber *sorbo a sorbo / hasta su espuma más amarga*.

El mar junto a los naufragios que son memoria y son el fin del principio de Arquímedes: la mirada Física.

Y nos vuelve a recordar su voluntad de Nadie de la cita inicial, en el poema "La bolsa del polizón". El polizón -el que viaja clandestinamente-, un autorretrato que es una enumeración de objetos por los que desea hacer su "peso leve". En un empeño de nuevo de huir del protagonismo, de los focos y pasar desapercibida.

La mirada que se ha fundido con el paisaje debe regresar a la ciudad, al invierno, al instante en el que "la luz deje de lamer", debe regresar a una calima que nos cubra como "una luz apocalíptica". Pide Celia a los dioses entonces que le concedan el bien de los lotófagos, el más agradable olvido.

En este nuevo regreso, hay un instante en el que camino por un momento se torna de fuera adentro. Momento de reivindicarse. Destacaré el poema "Enemigo" con en ese tono inicial imperativo *Dadme un enemigo...* La COVID ya era un enemigo colectivo pero pide ahora uno propio, de verdad. Un enemigo basta, un enemigo, lo sabe la poeta, te mantiene alerta.

Los poemas finales de esta sección a partir de "Enemigo" son declaraciones de certezas, producto de este periodo de confinamiento: la necesidad del enemigo ya citado, el azar que nos convierte en protagonistas, la pregunta que ella misma se hace y que es lanzada al lector, *¿cómo se vuelve a salvo / a tocar tierra?*, y, finalmente, el convencimiento de que todos somos mestizos e iguales y que "Quizás, nuestra desmemoria / sea lo único extraordinario".

Es ya en la última parte del libro "Tecnologías", cuando la mirada concluye este viaje al exterior y se alía con la ciencia para ahondar en la reflexión y hacer de la voz poética trascendencia.

En esta última parte se retoma el espíritu de la primera, "A modo de presentación", completando Celia Cañadas su autorretrato, mostrándonos su perfil científico. Celia sabe que es posible hacer poesía desde la ciencia y conmovernos.

Diez poemas constituyen esta última sección, los cinco primeros dedicados al espacio, los cuatro siguientes a la deshumanización que está produciendo un elemento tecnológico tan cercano como son los móviles y un último poema, "Black out / El último día" que es un perfecto cierre para el libro al tratar el tema de la muerte que se apunta en el resto de poemas de este apartado final.

Así en esos primeros poemas del cosmos, son protagonistas los satélites artificiales que sobreviven "para quién" a la humanidad extinguida, o los son los telescopios Hubble y Max Webb "desde su altísima atalaya / llenándonos de cielo los pulmones", soportando el "debris", la basura espacial. Y observaremos con ellos la formación de las primeras galaxias y entenderemos lo inasible sentenciando que

cuanto más avanzo
más te alejas.

En "Agujeros negros" se toca ya el tema de la muerte. La admiración de la poeta hacia este objeto cósmico está anunciada en la cita de Chandrasekhar y se refleja en la hipérbole de los dos versos finales:

la más ciega de todas
las fieras celestiales.

En un libro en el que predomina la primera persona confesional, el yo poético, nos topamos con este último poema dedicado el espacio, "PHA (Potentially hazaardous asteroid)" en el que empleando la personificación, el propio asteroide es el que nos habla en primera persona, anunciando el final de la fiesta, la muerte. Esta imagen de la fiesta recurrente de la que hablaba también en el poema "satélites artificiales".

El móvil, la deshumanización que apunté antes, es en en los siguientes poemas generador de silencio y de soledad pública. Las referencias mitológicas se suceden y el futuro se conecta con el pasado y con el presente y hacen de la poesía un vehículo de permanencia.

Nos hará notar que la fascinación primitiva frente al fuego es similar a la que tenemos ahora frente a las pantallas, ante esta "luz / que ni arde / ni calienta". Ese silencio colectivo que cité antes, el que Celia Cañadas quiere romper preguntando en voz alta "¿qué haremos cuando el sumiso Hal / revele su afán de permanencia?"

Cierra el libro el poema "Black out / El último día" con ese término tecnológico del apagón, de muerte en definitiva. Bella la cita de Panero que encabeza este poema último, que es un poema, retomando el tema clásico, de amor contra la muerte: "Nadie sabrá que nos bastamos los dos…".

Así, en un cierre perfecto del viaje realizado por la luz y la mirada en el transcurso del poemario, esta última mirada hacia el exterior se recoge en el poema final y mira hacia el interior de nuevo de todos nosotros, tal como comenzamos en el inicio del libro.

"La fábrica de luz" nos ilumina, concluirán conmigo. Al finalizar la lectura de este primer libro publicado de Celia Cañadas sentiremos que hemos sido interpelados continuamente. La poesía tiene esa misión.

Quizá pretendía Celia Cañadas, consiguiéndolo hasta el momento de publicar éste, su primer libro, pasar desapercibida como nos describe la cita inicial de la escena de Ulises y el Cíclope. Pero ya es tarde, Celia, la luz de tu poesía te ha traído ya con merecimiento al medio de la escena poética.

Y quizá lo que no sabes aún, lector, es que después de leer este libro, quedarás, como el Cíclope, herido para siempre.

Javier Díaz Gil
29 de octubre 2023

PARTE I

—

A modo de presentación

No me veréis trotar por las verdes praderas del llanto.

Cedo ese lujo a los culpables.

Ni entre el bullicio de los mercaderes.

Tampoco en los salones del amanecer.

Ya se han divertido

con sus zarpas

los años

para traerme aquí:

al lugar del fuego

y la palabra

Comience ya, la música.

CUIDADO CON ESCRIBIR

Lo que son las malas compañías,
a esa edad peligrosa de las dudas.
Y cómo se pega a la ropa,
al cuerpo
hasta tomar
tu exacta dimensión.
Y aún más,
porque también
hacia dentro
muerden los símbolos.
Qué ciegamente se cae en la trampa.
Y cómo salir de ella,
ya no ileso,
cómo salir,
hacia qué luz.
¿Es entonces cuando se hace necesaria una segunda
                                          [boca?

Herencia
(A mi padre)

Para no olvidar
bastó dejar fluir la sangre
de tu cuerpo a otro vertida,
hasta dejarte exangüe,
vaciado.
Ahora que late tu vida
por mis venas
qué inútil el papel,
qué inútil la fotografía.

Declaración de patrimonio

El espacio a veces
nos mide también por dentro
y a la inversa.
Yo me acuso
de perderme
en la maleza del papel.
Frecuento también
los límites de la luz
de la estepa castellana.
Me dejo caer o alzar
-según se mire-
por la vertiente
sin fondo
de la noche,
aunque no me engaño:
el cielo me queda
tan lejos como siempre.

Caza

A las 18:30
soy un viejo cazador
en las rojas praderas del llanto.
Con el fervor de los que llaman Dios
a la sorpresa cabalgando sobre
el horizonte de la suerte,
creo en esta hora,
-esta última hora-
Y voy a acorralarla,
hacerla mía.
Mi mejor pieza.
Contra el viento del norte,
lágrimas polares.
A las 18:30
la serpiente del tráfico acechante
en esta hora
este minuto febril
ya ha pasado.

CERTEZAS DE BARRO

COMO ese libro que se esconde
o el amigo que nunca está
cuando más lo necesitas.
Prométeme,
amor,
que tú también,
me fallarás.

Políglota

En un correctísimo francés,
con su gracioso inglés
de los estados del sur.
En el impecable alemán
y sus múltiples casos,
con la precisa tonalidad
del cantonés.
Desde la derecha en árabe
y en la música traducida
al italiano.
En la más rica sonoridad
de todas las condenas:
así me han negado
su palabra.

APRENDIZ

ALGUNOS vencieron el metal
con el endeble utensilio
de la boca,
la del beso
y también,
la dentellada.
Los que dominan la materia
del olvido,
la indiferencia
y su soleada paz inexpugnable,
de ellos,
aprendo.

PARTE II

—

Un lugar para vivir

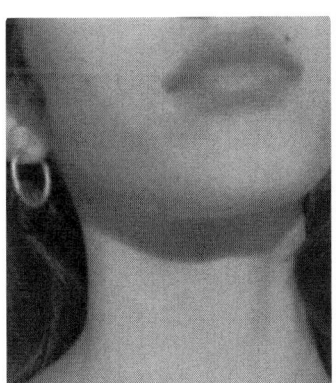

Este es el recinto.

Descifra en el inventario de
vértebras, cavidades y órganos
la imagen de su sabia imperfección.

Aquí aprenderás la primera
lección del deseo:
la satisfacción
como la luz, se esfuma.

Este es el lugar,
hónralo,
porque en este, y no otro,
se ha de cumplir toda la eternidad
que le cabe a tu estirpe
de animal erecto.

Capaz del sudor y la carrera,
de la bendita risa,
tu cuerpo,
sagradamente humano.

El Juicio de la verdad

Dice el fiel de la balanza
-tantas veces traidor-
que has salido del peligro,
que te elevas otra vez
sobre ti misma.
No dice, ni presiente
el larguísimo preámbulo
del tiempo que sinvivimos en penumbra.
Nos espera un verano de señales.

Señal (I)

Supe entonces
por su brevísima figura
que el dolor no está en mí
le sobra y le basta
un órgano exterior, pongamos por caso,
un cuerpo adolescente
invicto aún
tan mío y tan ajeno.

Señal (II)

Le digo
al agudo filo de clavículas y vértebras
que le doy tiempo
-todo mi tiempo-
a cambio de tu carne.
Nunca, la sumisión.

Señal (III)

Esta vez serán lentillas.
Hemos vuelto a graduarle la vista
no para que alcance a distinguir
el mundo y su belleza atroz, no,
ni su infinita variedad cromática
(para la sangre, el rojo
el de los frutos amargos o mortales)
Hemos vuelto
para que después de tanto hueso
y de su esquirla,
podamos abrazar la luz de sus ojos.
La que puntualmente nos negara.

Señal (IV):
Nitidez

Teme el momento en que pueda verse
como por vez primera.
Yo temo que caiga otra vez sobre sí misma
su propio juez, el más implacable
el que no conoce otro veredicto
que la culpa.

Señales (V):
Caza de brujas

La verdad no está en nadie y
acaso las palabras no ayudan
a engendrarla.
Ella dice que va a "ordenar " su cuarto,
yo oigo el aullido inconfundible
de todas las voces que habitaban
en los libros inexorablemente expulsados
de su vida.
¡Ay de la mía!

Señal (VI) :
Me muestra su última acuarela de un calamar

¿Tú lo comprarías?
—pregunta.
Yo no lo vendería.
Su cuerpo resbaladizo, turbio
me reconcilia con las profundidades.
Conozco el territorio,
esa escasez de luz y
ese aire exiguo
a la fuga.

Señal (VII):
Geocatching

Jugábamos a la búsqueda del tesoro
en los países al norte
entre helechos, tupidos bosques,
por las murallas de Visby
en la isla de Götland.
Era la excusa perfecta
para hacerte caminar.
A tus trece,
en qué recóndito espacio
alegría
valor inalcanzable.
Sólo hemos intercambiado los papeles:
Ahora
yo soy la que cansada
anda buscando
entre la maleza de tus días.
La promesa es amenaza,
tú, inaccesible.

SEÑAL (VIII)

ELLA no dibuja,
se diría que revela a los ojos
lo que preexiste en el papel.
Y ya no soy bienvenida.
Será porque la magia
obra a distancia
en ese vacío creciente
entre las dos.

Señal (IX)

Guárdate de la edad de los pájaros
de los peces flotantes
de la ilusión del color
porque esa adolescente
con precisión de orfebre
ya ha seccionado
junto al vuelo imposible
de aves de ensueño
tu nombre.
En qué página,
más allá del corazón del infierno,
aflora
la salvación.

SEÑAL (X):
Magnitudes fundamentales

Cuántos años la imaginé
como una reliquia inalterable de la Física.
Aprendíamos que la masa se medía
por referencia a un cilindro metálico
en una oficina de la entonces
remotísima París.
Pero no,
el kilo se define por
ese espacio ahora mínimo y fugaz
donde se anuncian
incipientes las alas
de la belleza ilesa,
el súbito placer adolescente.

PARTE III
—
Actualidad 2020-2022

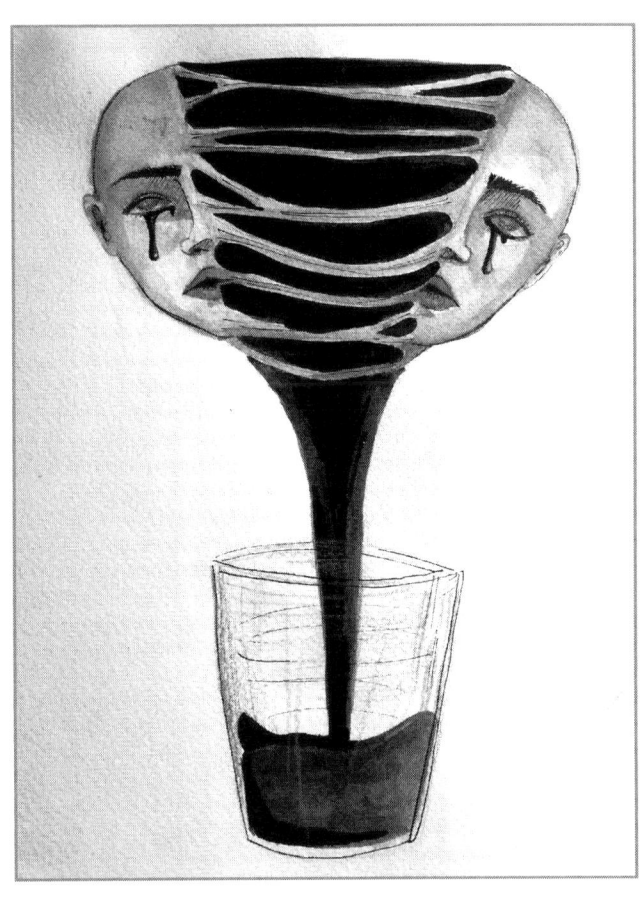

Diciembre

Llegó el viento del norte,
con su lección de anatomía,
luz tamizada
y este enemigo mío,
que me elige y
se me enrosca una y otra vez
a la garganta
y me hace masticar sílabas
bajo la promesa de una dosis
de milagro.
Me he ensuciado las manos
adiestrando ramas
forzándolas a cerrar el infinito
y pese a todo,
después de tantos nombres,
apenas ha penetrado en mí
la verde humedad del cero.
Así salgo al mundo confundida,
con la respiración agitada
de prematura floración
ávidos los ojos del deshielo.

ENERO

Allí donde el sueño prescinde
de la pura palabra
pusimos la nieve y
su misterio en flor.

Confinamiento (I)

Corren los días fingidamente inmóviles
a este lado de un tiempo inservible
de mapas clausurados
para una floración sin audiencia,
ni testigos.
¿Estará ya la ginesta crepitando
allí donde aún sopla fuerte el aire
camino de la noche primitiva?
En su dorado exilio
tal vez replique el mar:
Así ellos también pasaron,
invulnerables,
invulnerables
invulnerables...

Confinamiento (II)

—*"La enfermedad, en cierto modo, tiene algo de noble"*
Hans Castorp ("La montaña mágica" Thomas Mann)

Porque esta intemperie nuestra no es ya nuestra
perdidas las horas por renuncia y por silencio
enroscada en sudor presa entre las fauces del lirio.
La luz que me alcanza suena a burla.

Confinamiento (III):
Estepa insular

—*"Navegar é precisso, viver não"*
Fernando Pessoa

Darwin sin posibilidad
de desembarcar frente
a Santa Cruz de Tenerife.
Peor aún,
porque yo he visto,
he visto y he vivido.
Haber escapado
a la guerra perdida
de mi abuelo
al rojo clavel
de mi otro abuelo
al hambre de mi padre
a la inapetencia acusadora
de mi hija
¿a qué
esta incontenible avidez
de intemperie
quemándome la boca?

Los olvidados (59)

*El Consejo de Gobierno de la Comunidad de Madrid ha apro-
bado este miércoles el traslado e inhumación de 59 víctimas de la
covid-19 que, hasta el momento, no han sido reclamadas*
El País, 22 de julio de 2020

Devora sin esfuerzo
fechas, tropiezos y traiciones.
Tengo a gala una feliz mala memoria.
Pero con este número
impar y negro
no sé si va a poder.
Casi nadie.
Eran mayores o extranjeros,
ya habitantes fronterizos.
E insisto, otra vez,
59
se lo doy para que muerda.
Olvido sobre olvido,
igual es pedirle demasiado.

Llegó el viento del sur
cargado de colmillos,
girasoles y alfabetos.
Está aquí agosto,
sin mentira
celebra la desolación
que va dejando
por los campos interiores
luz tan cegadora.

DE LA NECESIDAD Y LA SOMBRA
(A una morera)

Miro su sombra
y su jugosa entraña,
hogar de tantos.
Y yo aquí
vorágine de pasos
corrompiendo el aire
con fonemas eléctricos,
perfectamente
prescindible.

La competencia

Dicen que sigue allí
haciendo de las suyas.
Qué competencia desleal:
24 x 7
Y quién lo para.
Y aunque ha dado mucho que hablar,
hasta que alguien lo atravesó
a pie sobre sus aguas,
es a nosotros a quien aguarda brillando
la marea.

"Que sea lo amargo el vaso
y no la boca"
La luz pensativa. José Cereijo

No te pierdas como
salpicadura
en el revuelto río
de la vida:
bébete
sorbo a sorbo
hasta su espuma más amarga.

LA PARTIDA:
Flores de ciudad

"Tú, luz, nunca serena
¿Me vas a dar serenidad?"
Claudio Rodríguez

Quién como ellas
sobrenadando la turbidez
supiera
ofrecer la ciega intensidad
del color
a la insaciable luz.
Dejemos que las calles
sigan hablando de nosotros
aunque hayamos partido.

LA ISLA:
Lanzarote

Esta vez accedió a
perdonarme el ángel.
A 10.000 pies de altura
se duerme el tiempo
y está abierta la puerta
para lo nunca visto.
Su palabra me ha traído
a esta bendita isla
de la desolación.
Lentamente va pronunciando
uno por uno
el nombre de los dioses
contra la negra costa
hasta pulverizarlos.

SUCULENTA
(a un cactus que salió inesperadamente a mi encuentro)

Observen la estrategia:
la inmejorable disposición
de sus espículas.
Cuán sigilosamente
fue elevando su amenaza
para el fatal abrazo.
Sólo el transitorio aire
escapa.

TÉLAMON

(En Arrecife, isla de Lanzarote, a pie del ensueño, encontré
por puro azar este barco encallado que me dictó este poema)

Al día se le empiezan
a encender las preguntas
contundentes y exactas
como este
homenaje al naufragio.
Qué mares no descifraría
su gloriosa herrumbre.
Él insiste y reclama
toda mi atención
para hablarme
de las sombras
que un día lo habitaron.
Su forma vertebrada
de vuelta ya de la ley
del metal y de la roca,
es el fin
del principio de Arquímedes.
Su imagen me persigue
como presentimiento

desnuda de materia:
olvido de quién
desde cuándo
refugio de gaviotas.

La bolsa del polizón

Esta orquesta desconcertada
de lápices de labios,
tarjetas sin secreto,
eye-liner,
como si hiciera falta
subrayar orden tan caótico,
llaves en busca de paraíso,
pastillas contra el dolor,
el carnet de la biblioteca
de Alejandría…
A todo lo que te lleva
por lo largo y oscuro
de la noche,
hazle tu peso
leve.

VOLVER A LA CIUDAD (I)

*"Todos los nombres que yo puse al universo[...]
se me están convirtiendo en uno"*
Juan Ramón Jiménez. *Animal de fondo.*

Cuando cierren el mar
y se detenga esta negra
rosa del equilibrio.
Cuando la luz deje de lamer
las rozaduras de mis sandalias
y la estrella de los días
se nos enfríe en la boca.
Cuando me alcancen
las lenguas del invierno,
los fragmentos quemados del mundo
y sus capitulaciones,
Solo en esa hora,
momento de volver :
anegar signo por signo,
en jornadas de cieno,
la bruma de estos días.

Volver a la ciudad (II)

Nada quedó allí,
la sola imagen
de un cuerpo
olvidado de sí mismo,
canción de flores hundidas.

Volver a la ciudad (III):
Colegio

No hay naves que partan con más sueños,
sí libros para tu mirar con sed.
Fuera dicen tu nombre
de ángel sin corona.
La agenda en que dibujas
anticipa
lluvias o estrellas
en septiembre,
incluso exámenes.
Esta forma tuya
de darle zarpazos
al paraíso.

CALIMA

Bajo una luz apocalíptica
el cobre fundido cae
sobre la ciudad.
Andarán los dioses allá arriba
divirtiéndose a lo grande
como siempre,
a nuestra costa.
Tal vez, les pido demasiado
estando la tierra como está,
que me concedan
el bien de los lotófagos
a cambio de mis ojos,
con la imagen precisa
del infierno.

Enemigo

Dadme un enemigo,
uno de verdad,
no alguien pasajeramente incómodo,
no.
Alguien que te duela y le duelas
 y más allá del tiempo y la distancia
te alcance el latido de su aversión,
como un batir de mares incansables
desde la fundación de la primera
molécula de agua.
Dadme el fervor de un enemigo,
uno me basta.
Y escribiré la Historia.

Teorema de los grandes números

Permanece atento,
en el infinito ocurre todo.
Tú podrías dejar de ser
parte del público
para ser el plato principal.
El azar ataca siempre
por la espalda.

Chandelier

"I'm gonna swing from the chandelier,
from the chandelier".
Sia

Columpiarse es fácil.
Uno puede hacerlo
sin demasiado esfuerzo:
abandonarse a la noche
o la ceguera
haciendo de su cuerpo abanico
o mejor,
antorcha humana.
Pero dime,
¿cómo se vuelve a salvo
a tocar tierra?
Esta tierra.
Su geografía de locos.

Sapiens

Somos todos
felizmente mestizos
y aunque el tiempo
haya aventado los nombres,
también transeúntes:
estirpe que viera la luz
en África y buscara abrigo
al norte,
cuando el desierto
le mordiera los talones.
Quizás, nuestra desmemoria
sea lo único extraordinario.

PARTE IV

—

Tecnologías

SATÉLITES ARTIFICIALES

PIEDRA
bronce,
hierro,
conchas.
¿Qué quedará de la fiesta
cuando todo haya acabado?
Apenas, estos cristales rotos?
O ese mensaje desesperado
flotando en el mar del cielo,
para quién.

El Hubble
(Osadía de un miope)

Rozar una y otra vez
el abismo y su jauría de estrellas
soportando el "debris"
de preguntas lanzadas
desde cuándo
y para quién
tan a lo Tycho Brahe
o mejor, Gagarin
temblando
por su soledad inconfesable,
hendiendo el vacío en su cascarón de nuez.
Frente vigía,
treinta años ya
entrando y saliendo de la noche
desde tu altísima atalaya
llenándonos de cielo los pulmones.

DEEP FIELD CAMERA
(Telescopio Max Webb)

Miren
mírenlo hondo
desanden tiempo, espacio
instantes después
del primer érase
13 mil millones de años
cuando nacen
aún esféricas e intactas
en el rosado arrecife cósmico
las galaxias.
Mirar a los ojos de la noche
en lo profundo
hasta perder pie
y presentir en el celeste bullicio:
cuanto más avanzo
más te alejas.

Agujeros negros

*"Los agujeros negros de la
naturaleza son los objetos macroscópicos más perfectos en el
universo: los únicos elementos en su construcción son nuestros
conceptos de espacio y tiempo"*
Subrahmanyan Chandrasekhar

Nos perderemos la ráfaga
con que las estrellas
celebran su fin.
Queda el metal como
eco de su último y breve
destello.
Algunas cumplirán
su vocación de nebulosas.
Otras, engendrarán
la más ciega de todas
las fieras celestiales.

PHA
(Potentially hazardous asteroid)

No sé por qué he vivido tanto tiempo.
Soy agua, materia y velocidad
como un bramido amanecido en lumbre.
Mi espina dorsal se deshace,
cera tan próxima a la llama.
¿Cuántas generaciones han nacido?
¿Cuántas sostendrá aún la turbidez
del mar?
Cada letra de sus nombres
es fruto y salvación
mientras dure la música
en la Tierra.
Vengo del pasado y soy vuestro destino:
un parpadeo mío
será
tal vez,
el final de la fiesta.

Derecho al olvido

Gimió el Minotauro,
solo en su laberinto,
exigiendo la sangre joven
pero yo ni lo oí.
Tembló y gritó el Oráculo de Delfos
respondiendo una por una
todas las dudas acuciantes.
Andaría yo despistada,
tecleando mi número secreto.
Acaba de lanzarme la Esfinge
su maléfico acertijo,
puede que por esta vez
en la pantalla se halle
mi salvación.
O quizás algún día
este brillo en mis manos
se baste a sí mismo
de tanta perfección
y yo solo sea
un registro ilegible
en la endeble memoria
de un circuito.

Cámara anecoica

"El silencio no existe"
John Cage

ENTONCES Dios cerró la carne
sobre el lugar vacío y
extrajo de él una pantalla
-no por casualidad tiene el hombre
dos ojos y una sola lengua-
Adoro esta torpe reinvención del fuego,
la astucia del amor errático,
Ítaca al fin al alcance de mi mano
y la virtuosa garrapata
de la soledad pública.
¡Muérdeme silencio!

Fueguinos

La misma fascinación
frente al fuego primitivo
arde en cada pantalla.
No se extinguieron,
eso somos:
fueguinos embarcados
en la oscura corriente
de un estrecho
vestidos
por esta única luz
que ni arde
ni calienta.

LA REBELIÓN DE LAS MÁQUINAS

Hal 9.000 : *"I know I've made some
very poor decisions recently,
but I can give you my complete assurance that
my work will be back to normal.
I've still got the greatest enthusiasm and confidence in the mission.
And I want to help you."*
2001. Una odisea del espacio

MÁQUINAS que en
su finita perfección
renuevan la advertencia.
Han sido pequeñas,
puntuales
e hirientes
las traiciones:
el metálico desdén
de un rodamiento,
también,
la rebeldía adolescente
de la infalible cafetera Krupps.
Ahora, esta precoz
y sospecho,
fingida senectud
de mi teléfono móvil.

Hijos como somos del azar y la zozobra,
¿qué haremos cuando el sumiso Hal
revele su afán de permanencia?

Black out / El último día

"Aún puedo
prostituir mi muerte y hacer
de mi cadáver el último poema"
Leopoldo María Panero

LABORABLE y lectivo,
par incluso,
así vendrá,
con su disfraz de inocencia
y luces claras
cualquier día
con la insolencia del timbre
de las 6:30
de una mañana
sin mañana.
Nadie sabrá entonces
que nos bastamos los dos
para incendiar
cualquier ciudad,
incluso esta.

ÍNDICE

———